CONGRÈS D'HYDROLOGIE, DE CLIMATOLOGIE ET DE GÉOLOGIE

— 1896. ✴

ROYAT

LYON. — IMPRIMERIE DE
A.-H. STORCK, ÉDITEUR,
RUE DE L'HOTEL-DE-
VILLE. ✴

CONGRÈS D'HYDROLOGIE, DE
CLIMATOLOGIE ET DE GÉOLOGIE
— 1896.

ROYAT

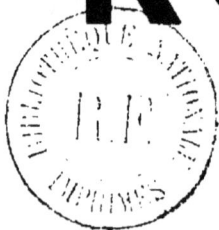

LYON. — IMPRIMERIE DE
A.-H. STORCK, ÉDITEUR,
RUE DE L'HOTEL - DE -
VILLE.

CONFÉRENCE

CONGRÈS D'HYDROLOGIE, DE CLIMATOLOGIE ET DE GÉOLOGIE

Par le Dr CHAUVET

Ancien interne des Hôpitaux
et chef de clinique à la Faculté de Médecine de Lyon,
Membre de la Société des Sciences médicales de Lyon,
Médecin consultant à Royat

MESDAMES ET MESSIEURS,

En inaugurant la série de conférences qui vous seront faites dans les stations thermales que vous visiterez, je suis heureux de vous souhaiter la bienvenue au nom de la Société médicale de Royat.

Pour que la visite que vous allez faire de l'établissement vous soit plus profitable, je vais aussi brièvement que possible vous indiquer d'abord nos ressources thérapeutiques puis résumer les indications principales de notre station.

Royat est situé au fond de la vallée qui descend de Fontanas, à une altitude de 450 mètres au-dessus du niveau de la mer. Cette élévation trop faible pour

nous classer parmi les stations d'altitude nous permet
cependant de jouir d'un climat bien différent de
celui de la plaine. Ici les fortes chaleurs sont rares,
les matinées et les soirées sont le plus souvent déli-
cieuses, l'air qu'on y respire est très pur, très vivi-
fiant, un excellent adjuvant de la cure thermale.

L'exploitation de ces sources remonte à l'époque
de l'occupation romaine. Les vestiges que vous
pourrez admirer dans le parc au voisinage du viaduc,
les piscines parfaitement aménagées qui existent
encore nous permettent d'affirmer qu'il y avait là un
établissement thermal des mieux compris.

Si tout cela fut détruit dans les années qui suivi-
rent l'occupation, si la plupart des sources furent
perdues, il en resta cependant toujours quelques vestiges.

Il faut arriver en 1843, époque à laquelle le curé et
le maire de Royat retrouvent la source qui porte
aujourd'hui le nom d'Eugénie pour assister aux mo-
destes débuts de la station actuelle. En 1853, on
fonde l'établissement que vous allez visiter.

Le succès de la station va grandissant jusqu'en
1872, époque où Royat prit un développement
inattendu. — Un courant d'opinion s'efforçant de
trouver en France le succédané des eaux allemandes,
Royat devint l'Ems français — depuis lors le succès
se prononce et se maintient grâce aux améliorations
apportées chaque année. — Je dois rendre hommage

à la mémoire de nos confrères qui ont tant contribué à ce succès, les docteurs Nivet, Allard, Basset, Boucomont.

Quand vous connaîtrez la richesse de nos sources, quand vous aurez constaté l'aménagement confortable de l'établissement, quand je vous aurai exposé les indications de nos eaux, vous en conclurez facilement que la place que Royat occupe actuellement parmi les grandes stations thermales n'est nullement usurpée.

La plus belle de nos sources, la source Eugénie, a un débit considérable de 1,440,000 litres en vingt-quatre heures qui lui permet d'assurer le service de la buvette, des bains à eau courante, de la piscine, des grandes douches minérales, de l'inhalation, etc.

Limpide, gazeuse, inodore, sa température au griffon est de 35°5. Sa composition permet de la classer parmi les chlorurées sodiques bicarbonatées mixtes ferrugineuses.

Cette eau prise en boisson est d'une grande digestibilité : à l'ingestion, légère sensation de chaleur épigastrique. Prise à petite dose avant le repas, elle stimule la sécrétion d'acide chlorhydrique. Après le repas elle combat l'hyperacidité des fermentations. Elle augmente la diurèse. Si chez certains sujets un usage prolongé amène une légère constipation, chez d'autres elle régularise les selles sans diarrhée. Elle a une action sur les sécrétions bronchiques qui devien-

nent plus fluides et sont expectorées plus facilement.
Enfin par son usage on voit s'accélérer les phéno
mènes d'oxydation.

Les applications externes de cette source con-
sistent principalement en bains à eau courante qui
sont pour ainsi dire une spécialité de notre station.
Dans ces bains il y a renouvellement continuel de
l'eau, par suite température et composition cons-
tantes.

Quel est le mode d'action de ces bains ?

Sans parler de l'absorption cutanée, niée par les
uns, admise par les autres, ni de phénomènes élec-
triques encore peu connus, nous constatons dans le
bain une suractivité de la circulation cutanée. La
peau se congestionne légèrement, devient rosée, en
un mot il y a réaction dans le bain comme après la
douche froide. Cette augmentation de la circulation
périphérique a une répercussion sur celle des organes
abdominaux, les reins, le foie, l'intestin, dont la circulation devient parallèlement plus active.

La preuve en est donnée par l'augmentation très
notable de la diurèse et de la quantité d'urée que
l'on observe chez des sujets ne prenant pas d'eau en
boisson (expériences de mon excellent confrère le
docteur Bouchinet). Cette suractivité de la circulation cutanée se traduit quelquefois par de petites
poussées à la peau chez les sujets prédisposés ou par
une légère exacerbation des éruptions existantes.

Cette excitation cutanée a une influence non douteuse sur les centres nerveux.

Le bain de piscine a une action analogue mais moins prononcée.

Comme vous pourrez le voir dans les baignoires, une disposition nous permet de donner des douches locales sur les parties douloureuses, nerfs, acticulations, etc. Enfin un certain nombre de cabines sont munies de grandes douches d'eau minérale dont on peut faire varier la température suivant les indications.

La source Eugénie fournit encore les vapeurs d'eau minérale destinées aux salles d'inhalation. Ces inhalations s'administrent dans des salles munies de gradins où les malades séjournent dix, vingt, quarante-cinq minutes, quelquefois une heure.

Dans ces salles, on s'efforce d'éviter les congestions produites par des températures élevées. Grâce au dispositif employé, la température est facilement maintenue à 26°-27°. Les séances durent une heure. Après chaque séance, le service est transporté dans une autre salle.

La première est ouverte, ventilée, assainie et c'est une heure après; quand, à l'aide d'arrosages, elle se trouve parfaitement refroidie, qu'elle reçoit de nouveaux malades.

La plupart de ces malades y respirent plus à l'aise qu'à l'air libre, ce qui peut s'expliquer soit par la présence d'une faible quantité d'acide carbonique, soit par la composition de ces vapeurs qui d'après les recherches de Fredet et de Huguet rappellent celle de l'eau qui les a fournies.

Je n'ai rien de spécial à vous dire des salles de pulvérisation alimentées par cette même source Eugénie, salles où les appareils les plus perfectionnés sont mis à la disposition des malades. La source Eugénie est encore chargée de fournir le gaz carbonique qui alimente le service des douches et des bains gazeux.

Le bain général de gaz carbonique se donne dans un appareil analogue à celui des bains de caisse. Le malade est plongé, la tête exceptée, dans une atmosphère de gaz carbonique dont la température peut être variée.

Rien à vous dire de spécial du mode d'administration des douches et des injections de gaz.

Ces bains et ces douches rendent des services dans les cas d'hyperesthésie cutanée, dans les névralgies, dans l'eczéma avec prurit, dans l'hyperesthésie vulvaire, le vaginisme, les ulcérations douloureuses du col utérin quelle qu'en soit la nature, dans les affections douloureuses ou ulcéreuses de la bouche, du pharynx.

Enfin le gaz carbonique pris en lavement a une certaine influence sur les voies respiratoires ainsi que l'ont montré les travaux de Bergeon de Lyon

La source de Saint-Mart, dite source des goutteux, a un débit de 25,000 litres en vingt-quatre heures. Sa température est de 31°. Bicarbonatée-chlorurée, elle renferme 0,035 de chlorure de lithium, du fer et de l'arséniate de soude. Prise en boisson, elle se rapproche de la source Eugénie comme effets thérapeutiques.

Elle donne d'excellents résultats dans la goutte et les calculs urinaires. Sous son influence on voit les trophus diminuer puis disparaître.

La source César d'un débit de 34,500 litres à 29° est utilisée en boissons et en bains. Plus fraîche, moins minéralisée que les sources précédentes, elle est indiquée pour l'usage interne par sa grande digestibilité et ses propriétés diurétiques.

Les bains de César qui sont une merveille de notre station ont une température de 28°. Ils donnent au malade qui s'y plonge une sensation très vive de froid qui disparaît assez rapidement pour faire place à une sensation de bien-être, de chaleur. Pendant le bain le corps se couvre de bulles gazeuses, il est pour ainsi dire isolé de l'eau. Il y a vive congestion de la peau avec abaissement de la température centrale d'un degré environ.

On note en même temps une élévation de la température cutanée. Au bout de 5-7-10 minutes la réaction est à son maximum et le malade doit sortir du bain. Ce bain, j'oubliais de le dire, se donne toujours à eau courante.

En visitant l'établissement de César, je vous con-
seille d'observer un phénomène très curieux qui se
produit en plaçant la main dans le puits d'émergence
de cette source : en approchant la main de l'eau
sans la toucher on est dans l'atmosphère carbonique
et on a une sensation de chaleur qui disparaît pour
donner lieu à une sensation de fraîcheur si on plonge
les mains dans l'eau.

Ce bain rend de très grands services chez les
neurasthéniques et dans d'autres affections des centres nerveux comme le tabès. (Observations du
Dr Laussedat).

La source Saint-Victor, la plus froide, n'est utilisée
qu'en boisson. Moins facilement tolérée par l'estomac
à cause de sa basse température et de sa richesse en
fer, elle est spécalement la source des anémiques.
Elle contient 0,056 de bicarbonate de fer et 0,004
d'arséniate de soude.

Qu'il me soit permis à ce propos de faire remar-
quer que cette richesse en arséniate de soude devrait
faire classer cette eau parmi les sources arsénicales.
On oublie Saint-Victor avec 0,004 et on y range
d'autres eaux n'en renfermant que 0,001.

Je ne vous dirai qu'un mot des services acces-
soires que l'on trouve à l'établissement : d'abord
deux salles d'hydrothérapie des mieux aménagées
avec une eau froide à 12°. Des appareils les plus nouveaux permettent de donner des douches tempérées

à une température constante, grâce à un mélangeur perfectionné. On peut aussi faire varier suivant les indications la pression qui dans bien des cas ne doit pas être trop élevée.

Il y a aussi un service de douches de vapeurs, de bains d'air chaud.

Enfin cette année on a inauguré un service de bains hydro-électriques. Les travaux des électriciens ont démontré la possibilité de faire pénétrer dans l'économie les sels dissous dans un bain à l'un des pôles du courant. Nous avons pensé que la lithine de nos eaux, pénétrant localement au niveau des gonflements articulaires, des trophus, amènerait une dissolution de ces dépôts et par suite une diminution, voire même la disparition de la gêne des mouvements et du gonflement.

Un assez grand nombre de faits nous permet d'affirmer l'utilité de ce nouveau mode de traitement.

Maintenant que vous connaissez nos ressources, notre arsenal thérapeutique, voyons quels résultats nous pouvons obtenir, quelles sont les indications d'un traitement à Royat.

Les médecins qui exercent aux stations thermales sont trop souvent portés à étendre à l'infini le domaine d'action de leurs sources, et en se basant sur un nombre restreint d'observations, à attribuer à leurs eaux des vertus curatives que l'expérience ultérieure ne vient pas confirmer.

Loin de vous présenter nos thermes comme une
panacée, mon but est au contraire de bien préciser
les affections qui peuvent en retirer quelque bénéfice
en faisant la part des conditions multiples de nature
dictétique, physique et psychique qui exercent un
concours des plus efficaces.

Les indications générales de Royat peuvent se
résumer en deux mots : *arthritisme et anémie.*

Nous allons, si vous le voulez bien, passer en revue
les principales manifestations de ces états morbides
et à propos de chacune d'elles je vous indiquerai les
cas qui peuvent ici se guérir ou tout au moins obtenir
une amélioration bien nette et durable. D'abord la
goutte : Royat convient dans les cas de goutte asthé-
nique, aux goutteux âgés, anémiques. dyspeptiques
dont l'état des forces doit être d'abord relevé. Après
une ou plusieurs saisons, on voit l'état général s'amé-
liorer considérablement, les forces revenir. Les accès
de goutte sont moins nombreux, plus courts, dispa-
raissent le plus souvent. Que deviennent les concré-
tions goutteuses? Elles diminuent toujours de volume,
les articulations prennent de la souplesse, reviennent
quelquefois à l'état normal.

Il y a contre-indication à nous adresser des malades
qui viennent de faire un accès aigu avant qu'il se soit
écoulé un intervalle d'au moins un mois. On pourrait
craindre de voir un accès reparaître dans le cours
du traitement.

Dans le rhumatisme goutteux, ou plutôt dans le rhumatisme chronique avec déformation des petites jointures, Royat n'est guère indiqué que si le malade est anémié ou porteur d'autres manifestations arthritiques, soit sur la peau, soit sur les muqueuses.

Dans la goutte comme dans le rhumatisme chronique, les bains hydro-électriques peuvent rendre de grands services au point de vue des manifestations articulaires.

Quelles sont maintenant les principales manifestations viscérales de la goutte ou de l'arthritisme ?

Par ordre de fréquence, il faut signaler en première ligne les dyspepsies.

Nos eaux ont une action très nette sur les dyspepsies arthritiques avec troubles passagers de la sécrétion gastrique succédant à une impression de froid ou alternant avec d'autres manifestations de même nature : eczéma, bronchite, goutte, etc. De même dans les troubles nerveux accompagnant la digestion : atonie, vertiges, hypéresthésie épigastrique. De même encore dans l'entéralgie, les diarrhées de nature rhumatismale. Comme alcalines faibles les eaux de Royat sont d'un excellent effet dans tous les états d'hypochlorhydrie si fréquents dans toutes les formes d'anémie, chez les sujets affaiblis, surmenés. Elles rendent de grands services dans la plupart des gastralgies, dans les crampes d'estomac des chlorotiques, des neurasthéniques.

Si Royat peut rendre quelques services dans les affections du foie telles que congestion, lithiase biliaire, si nous observons une amélioration de ces états chez des sujets venus à Royat pour d'autres manifestations, telles que bronchite, eczéma, etc., il ne faut pas en conclure que Royat soit la station de choix pour ces affections qui relèvent d'eaux alcalines fortes.

En seconde ligne viennent les manifestations sur les voies respiratoires.

La congestion du pharynx, du larynx, l'angine granuleuse, la laryngite professionnelle s'observent fréquemment chez les arthritiques et sont très heureusement modifiées par un traitement fait ici.

Parmi les affections pulmonaires de même nature justiciables de Royat, je dois vous signaler en première ligne la susceptibilité bronchique. Nous ne comptons plus les clients qui reviennent ici et nous disent : « Royat m'a fait le plus grand bien, je n'ai pas toussé cet hiver et cependant je n'ai pas pris les précautions que je prenais les hivers précédents. » Je vous signalerai encore la bronchite spasmodique ou catarrhe sec de Laënnec, l'asthme dont on voit après la cure les crises s'éloigner puis disparaître.

Je vous parlerai encore des congestions pulmonaires arthritiques. Combien avons-nous vu de malades ayant eu des hémoptysies très abondantes qui les avaient fait prendre pour des phtisiques être guéris à Royat.

Nos salles d'inhalation avec leur température basse sont très bien supportées par ces malades. Nous n'avons que très rarement observé d'hémoptysie à la suite de ce mode de traitement.

Quels services peuvent rendre nos eaux dans la phtisie ? On a parlé de phtisie arthritique à marche plus lente avec tendance à la guérison par sclérose. Cette variété existe sans doute. Nous possédons quelques observations de cas de ce genre traités au début avec succès. Dans les autres variétés de tuberculose, nous devons nous avouer impuissants. Nous ne gardons donc pas ces malades qui ne retireraient aucun bénéfice d'une cure à Royat et pourraient éloigner de nos salles d'aspiration d'autres malades qui à tort ou à raison redoutent la contagion si exagérée du bacille de Koch.

Les localisations rénales de l'arthritisme sont très fréquentes. Si Royat ne peut rendre aucun service dans l'albuminurie du mal de Bright, ses eaux peuvent être très utiles dans un certain nombre de cas d'albuminuries fonctionnelles : albuminurie de croissance, albuminurie des neurasthéniques, albuminurie dépendant d'un trouble digestif, enfin albuminurie cyclique prégoutteuse de Teissier. Dans la lithiase urique, Royat est indiqué aux arthritiques anémiques affaiblis, hypoazoturiques. Dans la lithiase oxalique on observe aussi de bons effets. Quant aux lithiases alcalines, elles doivent être dirigées sur d'autres stations.

Chez ces malades, il y a augmentation de la diurèse quelquefois très marquée. Au début du traitement il y a augmentation de la quantité du sable et
des boues uriques rejetées puis une diminution,
enfin disparition.

Parmi les manifestations arthritiques de la peau,
la plus fréquente de beaucoup est l'eczéma, un grand
nombre de nos malades sont porteurs de cette affection.
Pour les uns c'est une manifestation accessoire, pour
d'autres c'est l'affection principale. Il nous suffira de
poser l'indication dans ce dernier cas. Royat est
indiqué dans les cas chroniques, torpides. Les eaux
ont une action substitutive : il se produit pendant le
traitement une petite poussée qui amènera la guérison
de la lésion ancienne. Royat est contre-indiqué chez
les malades à lésion irritable. Nos eaux sont encore
utiles dans d'autres affections arthritiques de la peau
telles que l'urticaire, l'acné, le pityriasis, l'intertrigo,
les diabétides, etc., etc.

La parenté du diabète avec d'autres manifestations
arthritiques est connue depuis longtemps. Il n'y a donc
rien de surprenant à ce que Royat soit indiqué dans
certaines formes de cette maladie. Pour établir un
traitement hydrominéral du diabète, il ne faut pas se
baser seulement sur la quantité de sucre et envoyer
les malades en éliminant beaucoup aux eaux sodiques
fortes et ceux qui en éliminent peu aux eaux sodiques
faibles, il faut, comme le recommande Lécorché dans

son excellent ouvrage sur le traitement du diabète et comme le confirme l'intéressante communication faite à ce congrès par mon confrère le Dʳ Bouchinet, se baser sur l'état de la nutrition générale que nous indique l'excrétion de l'urée.

Royat réclame les diabétiques goutteux anémiés, affaiblis. Si on veut être plus précis, les malades dont le taux de l'urée est normal, ceux dont il est augmenté quand il s'agit d'azoturie de dénutrition, ceux enfin chez lesquels l'azoturie d'hypernutrition est légère.

Chez ces malades on voit le chiffre de l'urée se rapprocher de la normale et les principaux symptômes du diabète s'atténuer et même disparaître, mais le fait le plus remarquable est le relèvement de l'état des forces.

Royat est insuffisant chez les malades hypoazoturiques. Royat est contre-indiqué chez les malades à azoturie d'hypernutrition, chez les diabétiques vigoureux, pléthoriques, de même dans les cas de diabète aigu, de diabète maigre, de diabète pancréatique.

Une autre indication bien nette de Royat est le nervosisme et certaines formes de neurasthénie. Guéneau de Mussy, Charcot, Grasset, Lemoine, Teissier, Huchard ont insisté sur l'influence de l'arthritisme sur la production des affections nerveuses. Vigouroux, Levillain ont montré que l'urine des neurasthéniques comme celle des arthritiques est une urine hyperacide avec diminution des produits

excrémentitiels normaux et augmentation ou présence anormale des produits d'oxydation incomplète.

Les succès obtenus à Royat sout venus confirmer ces observations cliniques. La cure agit en tonifiant le malade, en modifiant sa sensibilité cutanée, en lui permettant de s'alimenter (guérison des troubles dyspeptiques),enfin en modifiant la nutrition en ramenant la formule urinaire à la normale. Dans les formes graves de la neurasthénie, Royat n'est qu'un adjuvant.

Si Royat répond à autant d'indications chez les arthritiques, son action n'est pas douteuse dans les cas de prédisposition à cette diathèse que l'on observe chez des sujets bien portants ou ne présentant que des manifestations très légères telles que migraine, sensibilité extrême de la peau, urticaire, albuminurie prégoutteuse, etc.

Chez ces sujets on observe après la cure une disparition complète de ces premières manifestations de l'uricémie.

Parlons maintenant de l'anémie.

Dans la grande classe des anémiques les malades qui retireront un grand bénéfice d'une cure à Royat sont ceux chez lesquels l'analyse des urines dénote une déminéralisation organique très marquée. Si, comme l'indique Albert Robin, les eaux arsénicales conviennent aux anémiques avec échanges nutritifs accélérés, Royat se trouve indiqué chez les malades

dont l'état du tube digestif ne permet pas l'administration des eaux de la Bourboule quelquefois mal
supportées par l'estomac.

Royat est aussi indiqué dans les cas d'anémie
rhumatismale, d'anémie phosphaturique.

Les chlorotiques dyspeptiques ou avec aménorrhée,
dysménorrhée, présentant des symptômes nerveux,
la chlorose consécutive au surmenage intellectuel, au
paludisme, la chloro-anémie prétuberculeuse retireront d'excellents effets d'une cure à notre station.

Royat convient aussi dans certaines affections
utérines telles que les troubles fonctionnels que nous
avons signalés chez les anémiques, les chlorotiques,
les affections de l'utérus de nature arthritique.

Les bains de César accélèrent la convalescence des
affections utérines ou des annexes qui viennent de
subir un traitement chirurgical.

Le vaginisme est aussi très heureusement influencé
par ces bains et les douches de gaz carbonique. De
très nombreux faits de stérilité guéris à Royat sont
la preuve de l'action bienfaisante de nos eaux sur
les troubles utérins fonctionnels ou consécutifs
à d'autres lésions plus graves. Je termine ce chapitre
des indications en répondant à une question qui
nous est souvent posée : Royat est-il contre-indiqué
dans les maladies du cœur. Il l'est dans les myo-
cardites et les affections valvulaires non com-
pensées.

J'en ai fini avec cette longue énumération des affections justiciables de Royat. Vous allez me reprocher d'avoir prêché pour mon saint et d'avoir attribué à notre station des vertus trop nombreuses pour être sérieuses. Comme preuve de la véracité de mes assertions je ne puis que vous renvoyer aux observations publiées par mes collègues ou mieux encore aux opinions émises sur notre station par les maîtres de la clinique et de la thérapeutique.

Une dernière preuve peut-être meilleure encore est le nombre de confrères qui viennent chaque année soulager ou guérir leurs misères à Royat. Pour les cinq dernières années la moyenne est de 123. On peut bien conclure comme les gens du peuple, voire même du monde : Si le médecin prend tel remède, c'est qu'il est bon.

Si parmi nos confrères il en est qui puissent retirer de bons effets d'une cure à Royat, qu'ils viennent à nous. Ils seront reçus eux et leur famille de la façon la plus aimable par l'administration des eaux de Royat et trouveront de la part du corps médical un accueil très cordial et des plus sympathiques.

www.ingramcontent.com/pod-product-compliance
Lightning Source LLC
Chambersburg PA
CBHW060517200326
41520CB00017B/5075